BEI GRIN MACHT SICH IHR WISSEN BEZAHLT

- Wir veröffentlichen Ihre Hausarbeit, Bachelor- und Masterarbeit

- Ihr eigenes eBook und Buch - weltweit in allen wichtigen Shops

- Verdienen Sie an jedem Verkauf

Jetzt bei www.GRIN.com hochladen und kostenlos publizieren

Bibliografische Information der Deutschen Nationalbibliothek:

Die Deutsche Bibliothek verzeichnet diese Publikation in der Deutschen National-
bibliografie; detaillierte bibliografische Daten sind im Internet über http://dnb.d-
nb.de/ abrufbar.

Impressum:

Copyright © 2018 GRIN Verlag
Druck und Bindung: Books on Demand GmbH, Norderstedt Germany
ISBN: 9783668872523

Dieses Buch bei GRIN:

https://www.grin.com/document/456966

Jennifer Siehms

Auswirkungen des Assuan Staudamms auf die Umwelt am Nil. Thematische und fachdidaktische Ausarbeitung

GRIN Verlag

Universität Potsdam

Fach: Geographie

Modul: Geographische Konzepte und Geographiedidaktik

Wintersemester 2017/18

Modularbeit
„Alles im Fluss"

Auswirkungen des Assuan
Staudammes auf die Umwelt am Nil

vorgelegt von:

Jennifer Siehms

Berlin, den 09.04.2018

Inhaltsverzeichnis

1 Einleitung

Eine Menge von etwa 1,4 Milliarden Kubikkilometern Wasser befindet sich auf der Erde. Davon sind lediglich 2,5 Prozent Süßwasserressourcen. Dies bedeutet, nur dieser geringe Anteil ist überhaupt trinkbar. Jedoch ist der Großteil dieser globalen Süßwasserressourcen schwer zugänglich für den Menschen, denn 69 Prozent davon befinden sich in permanenten Eis- und Schneeschichten. Etwa 30 Prozent sind Grundwasser und lediglich 0,3 Prozent sind in Gewässern und somit für den Menschen relativ gut zugänglich. Die restlichen 0,7 Prozent setzen sich zusammen aus Grundeis, Permafrost, Bodenfeuchtigkeit und Sumpfwasser.

Ein globales Problem stellt die weltweite Ungleichverteilung der Süßwasservorkommen dar. Bedingt durch stetiges Bevölkerungswachstum kommt es in einigen Regionen zu Übernutzung und zunehmender Wasserverschmutzung. Dies führt wiederum zu steigender Wasserknappheit, woraus vielfältige Probleme für die betroffene Bevölkerung entstehen (vgl. Wehling 2018, S. 1; Fröhlich 2006, S. 32).

Zu den von Wasserknappheit betroffenen Regionen gehört auch das Einzugsgebiet des Nils, allen voran das von Wüsten geprägte Land Ägypten.

Um die Wasserversorgung Ägyptens zu verbessern und jährliche Schwankungen auszugleichen, wurde zwischen 1960 und 1971 der Staudamm bei Assuan, einer Stadt im Süden Ägyptens, errichtet. Man erhoffte sich durch den Staudamm vor allem viele wirtschaftliche Vorteile. Hierfür wurden jedoch auch viele negative Auswirkungen auf die Natur und für die Bevölkerung in Kauf genommen (vgl. Reißlein 2006, S. 33). Es wird im Rahmen dieser Arbeit der Frage auf den Grund gegangen, welche vielfältigen Auswirkungen die Errichtung dieses Staudammes für die Umwelt und die Gesellschaft Ägyptens mit sich brachte.

Die vorliegende Arbeit besteht aus zwei Hauptteilen. Zuerst erfolgt die fachgeographische Ausarbeitung des Themas. Hierbei werden die Folgen des Staudamms von Assuan unter verschiedenen Blickwinkeln beleuchtet, was sich auch anschließend in der fachdidaktischen Ausarbeitung wiederfinden wird, wenn es um die thematische und didaktische Umsetzung in der Jahrgangsstufe 6 des gesellschaftswissenschaftlichen Unterrichts geht.

Zunächst erfolgt eine kurze Einführung in die Gesellschaft-Umwelt-Forschung, wobei hinsichtlich des Fallbeispiels zum Assuan-Staudamm ein besonderes Augenmerk auf den Ansatz der Politischen Ökologie gelegt wird.

Danach wird es um Wasser als Konfliktpotenzial im Allgemeinen gehen, dann wird auf die Region des Nils Bezug genommen und anschließend der konkrete Fall des Assuan Staudammes mit seinen vielfältigen Auswirkungen auf Mensch und Umwelt erläutert.

Hiernach erfolgt ein Zwischenfazit, bevor die fachdidaktische Ausarbeitung ins Zentrum rückt. Auf die Darstellung des Unterrichtsthemas und der Herleitung der Unterrichtsfrage folgt die Einordnung in den Rahmenlehrplan Gesellschaftswissenschaften.

Anschließend erfolgt die Darstellung des tabellarischen Stundenentwurfs für eine 90 Minuten umfassende Unterrichtsstunde. Danach wird die geplante Unterrichtsstunde anhand von vier Unterrichtsprinzipien reflektiert. Den Abschluss des zweiten Hauptteils bildet wieder ein Zwischenfazit, ehe die Arbeit durch ein Gesamtfazit abgeschlossen wird.

Im Anhang befinden sich die Unterrichtsmaterialien, auf welche sich in der Unterrichtsplanung bezogen wird.

2 Fachgeographische Ausarbeitung

In diesem ersten Hauptteil der vorliegenden Arbeit wird der konkrete Fall des Staudammes von Assuan ausführlich erläutert.

2.1 Gesellschaft-Umwelt-Forschung und Politische Ökologie

Der Mensch beeinflusst die Umwelt heute so stark und greift in sie ein, wie noch nie zuvor. Daraus ergeben sich vielfältige neue umweltbezogene und gesellschaftliche Problemstellungen, beispielsweise hinsichtlich wichtiger Ressourcen wie Wasser. Daraus entsteht zwangsläufig eine neue Art der Verzahnung zwischen der Gesellschaft und der Umwelt (vgl. Mattisek; Sakdapolrak 2016, S. 14).

Antworten auf typische sich ergebende Fragestellungen aus diesen Problemfeldern liefert die Gesellschaft-Umwelt-Forschung, welche „[...] als „dritte Säule" neben der Humangeographie und der Physischen Geographie" (ebd., S. 14) steht und eine Art Verbindung herstellt, da hier sowohl natürliche (also physisch geographische) als auch soziale (humangeographische) Gegebenheiten eine Rolle spielen und miteinander in Verbindung gesetzt werden. Zu den aktuellen Themen der humangeographischen Gesellschaft-Umwelt-Forschung zählen beispielsweise Naturschutz, Umwelt und Migration, Ressourcennutzung und Ressourcenkonflikte sowie Klima- und Umweltpolitik (vgl. ebd.).

Es wurden verschiedene Ansätze entwickelt, um diese sich ergebenden Fragestellungen bezüglich der Gesellschaft-Umwelt-Beziehungen unter verschiedenen Perspektiven analysieren zu können (vgl. ebd. S. 20).

Einer dieser Ansätze ist die Politische Ökologie. Kernpunkt dieses Ansatzes ist die Sichtweise, „[...]

dass Umweltveränderungen ein Ausdruck von gesellschaftlichen und politischen Prozessen sind und durch diese bestimmt werden. Die Politische Ökologie nimmt dabei die Akteure in Umweltkrisen und -konflikten in den Blick und fragt danach, wer welche Interessen verfolgt [...]" (ebd.). Außerdem betrachtet die Politische Ökologie die aus Umweltveränderungen entstehenden Folgen beispielsweise hinsichtlich „[...] der Ungleichverteilung von Profit und Kosten genauso […] wie auch die daraus resultierenden Akkumulations- und Marginalisierungsprozesse" (ebd.).

Im Verlauf der Arbeit wird deutlich werden, wie dieser Ansatz auf den exemplarisch dargestellten Fall bezogen werden kann.

2.2 Konfliktpotenzial von Wasser

Wasser entscheidet über den Lebensstandard und die sozioökonomische Entwicklung eines Landes. Ohne Wasser kann keine Volkswirtschaft bestehen, geschweige denn sich weiterentwickeln. Somit kann gesagt werden, dass Wasser existenziell ist. Kommt es zu einer Einschränkung des Wasserzugangs, beispielsweise durch Verschmutzung, Übernutzung oder aus politischen Gründen, kommt es schnell zu einem Abfall des Lebensstandards in der Gesellschaft, was zu enormen Spannungen und vielfältigen Problemen unter den Menschen führen kann. Zu diesen Problemen gehören beispielsweise landwirtschaftliche Konflikte, die sich aus Wassermangel ergeben, ebenso wie andere Verteilungskonflikte zwischen verschiedenen Parteien. Wie stark der Wassermangel ausfällt, entscheidet ebenso darüber, wie gewaltvoll solche Konflikte um Wasser, wie auch die politische, wirtschaftliche und demografische Lage eines Staates und die klimatischen und hydrologischen Voraussetzungen einer Region (vgl. Fröhlich 2006, S. 32 f). Hier wird die Verknüpfung von Gesellschaft und Umwelt und die Abhängigkeit des Menschen von der Umwelt deutlich, wie sie in der Gesellschaft-Umwelt-Forschung Thema sind.

Voraussichtlich werden bis zum Jahr 2025 1,8 Mrd. Menschen in von Wassermangel betroffenen Gebieten leben, Gründe dafür sind sowohl der Klimawandel als auch Bevölkerungswachstum. Hinzu kommt, dass gerade die Länder, die von Wasserknappheit betroffen sind, existenziell und als Beschäftigungsgrundlage auf die Bewässerungslandwirtschaft angewiesen sind. Gleichzeitig ist die Landwirtschaft besonders stark von den negativen Auswirkungen der Wasserknappheit betroffen, die Bewässerungslandwirtschaft ist weltweit der Sektor, der den höchsten Wasserverbrauch aufweist (vgl. Wehling 2018, S. 2).

Aus diesem Grund sind die betroffenen Regionen gezwungen, Auswege zu finden und Lösungen für das Problem der Wasserknappheit zu schaffen. Ein Lösungsansatz hierfür sind Staudämme, die in wasserarmen Regionen errichtet werden, um jährliche Schwankungen in der Wasserverfügbarkeit auszugleichen und permanent Wasser zur Verfügung zu haben. Ein Beispiel für einen solchen Staudamm in einer der wasserärmsten Regionen der Welt ist der Staudamm bei Assuan, der den Nil zum riesigen Nasser-See aufstaut. Im Folgenden wird es um die in der betroffenen Region entstehenden Folgen für Mensch und Umwelt dieses Staudammes gehen.

2.3 Beschreibung des Falls: Der Staudamm von Assuan

In dem Fallbeispiel zum Staudamm von Assuan geht es um Wasser als Ressource und der Umgang hiermit. Deshalb wurde zunächst die Wasserverknappung in betroffenen Regionen der Erde thematisiert und wieso Wasser als Auslöser für Konflikte betrachtet werden kann. Im Folgenden wird konkret auf den Staudamm von Assuan am Nil Bezug genommen,

2.3.1 Wasserknappheit am Nil

„Der Nahe Osten ist die wasserärmste Region der Erde. Das heißt die Menschen haben hier weniger Wasser pro Kopf zur Verfügung als in jeder anderen großen Region der Welt. Es ist zugleich eine politisch instabile Region mit vielfältigen Konflikten, auch über gemeinsame Süßwasserressourcen" (Wehling 2018, S. 6).

Auch das ein Zehntel der Fläche Afrikas einnehmende Einzugsgebiet des Nils gehört zu den Gebieten, welche von Wasserknappheit betroffen sind. Als längster Fluss der Erde durchfließt der Nil insgesamt 11 Staaten (Ägypten, Äthiopien, Burundi, DR Kongo, Eritrea, Kenia, Ruanda, Sudan, Südsudan, Tansania und Uganda) (vgl. ebd.).

Das Flusseinzugsgebiet des Nils ist damit nach dem des Kongo das zweitgrößte Afrikas und erstreckt sich sogar über verschiedene Klimazonen „[...] von der kühlen, monatelangen Regenzeit im äthiopischen Hochland bzw. dem tropischen Zenitalregen Innerafrikas bis hin zu den Wüsten Sudans und Ägyptens. Dort durchfließt der Nil eine der trockensten, wasserärmsten Regionen Afrikas" (ebd., S. 117).

Gespeist wird der Nil von zwei Quellflüssen, dem Weißen und dem Blauen Nil. Das Wasser dieser Flüsse stammt aus der ostafrikanischen Seenplatte und dem äthiopischen Hochland, welche niederschlagsreiche Regionen darstellen (vgl. ebd., S. 113 f).

Während die Wasserknappheit am Nil steigt, wächst auch die Bevölkerung hier rasant. Derzeit leben im Nil-Einzugsgebiet etwa 238 Mio. Menschen. Voraussichtlich wird sich diese Zahl bis 2025 verdoppelt haben. Ein erhöhter Wasserbedarf sowohl für die Wasserversorgung der Haushalte als auch für die Landwirtschaft und die Industrie ist eine zwangsläufige Folge eines solch enormen Bevölkerungswachstums. Von den Nilanrainerstaaten ist insbesondere Ägypten betroffen, da dieses Land über keine alternative Wasserquelle als den Nil verfügt. Prognosen zufolge wird der Wasserbedarf in Ägypten schon sehr bald die verfügbaren Wasserressourcen übersteigen, weshalb zunehmende Konkurrenz um die Nutzung der Wasserressourcen unter den Nilanrainern zu erwarten ist. Um dem entgegenzuwirken, müsste das gesamte Einzugsgebiet eine gemeinsam geplante sinnvolle Wasserwirtschaft entwickeln. Bisher konnten sich die Staaten jedoch nicht auf gemeinsame dauerhafte Formen der Wasserwirtschaft festlegen (vgl. ebd., S. 6 f).

Ägypten und Sudan als Unterlieger am Nil nutzten bisher praktisch allein das Nilwasser. Doch nun wollen auch die Oberlieger des Nils sein Wasser nutzen. Insbesondere Äthiopien, woher ca. 90 Prozent der Gesamtabflussmenge des Flusses stammen, will diesen jetzt verstärkt nutzen. 2011 begann Äthiopien trotz heftiger Kritik vonseiten Ägyptens mit dem Bau des Renaissance-Staudammes, wo Afrikas größte Wasserkraftanlage erbaut wird. Die Ägypter befürchten als Folge dieses Staudammes eine erhebliche Verringerung der sie erreichenden Wassermenge (vgl. ebd.).

Bis heute existiert kein Abkommen zur Einigung über die Verteilung der Nutzungsrechte am Wasser des Nils, an dem sich alle Anrainerstaaten beteiligen. Geltende rechtliche Strukturen stammen immer noch größtenteils aus der Kolonialzeit. Von Ägypten und dem Sudan werden zwei Wassernutzungsverträge von 1929 und 1959 aufrechterhalten, die ihnen die meisten Rechte zusichern, während die anderen Staaten des Einzugsgebiets diese Verträge nicht mehr anerkennen wollen und den Abschluss von neuen Abkommen fordern (vgl. ebd., S. 8 f). Erschwert wird die Einigung unter den Anrainerstaaten unter anderem auch durch große Unterschiede in Sprache, Kultur und Religion (vgl. ebd., S. 111).

> „Die gegenwärtige Herausforderung für die Nilanrainer besteht darin, erstmalig einen alle Anrainerstaaten einbeziehenden rechtlichen und institutionellen Rahmen für die Bewirtschaftung und Nutzung des Nils zu vereinbaren. Die Verhandlungen für ein solches Rahmenabkommen begannen 1997. Im Jahre 2010 nahm die Mehrheit der Nilanrainer den Entwurf an. Eine Einigung aller Anrainer scheitert bislang in erster Linie an Meinungsverschiedenheiten über die Verteilung des Nilwassers. Ägypten und Sudan wollen den Status quo der Wasserverteilung gesichert sehen. Die anderen Anlieger wenden sich hiergegen und befürworten stattdessen eine Neuregelung [...]. Insbesondere Ägypten befürchtet jedoch [...] eine Schmälerung der aus seiner Sicht bestehenden Nutzungsrechte" (ebd.).

Es wird auch davon ausgegangen, dass der Klimawandel sich auf das Nilbecken auswirken wird. Wie genau diese Auswirkungen aussehen werden, ist noch unklar. Jedoch wird damit gerechnet, dass die Abflussmengen des Nils stärkeren Schwankungen unterworfen sein werden, sodass es auch vermehrt zu Schwankungen der Wasserstände an Seen und Flüssen im gesamten Einzugsgebiet kommen wird, was sich wiederum auf Trinkwasserverfügbarkeit, Landwirtschaft, Energieerzeugung und Nahrungsmittelproduktion negativ auswirken wird. Dies wird vor allem für Ägypten zu erhöhten Unsicherheiten führen, da das Land als Unterlieger auf die Abflussmengen angewiesen ist. Hinzu kommen die negativen Auswirkungen auf die verfügbare Wassermenge durch die zunehmende Verschmutzung des Nils, beispielsweise durch den Einsatz von Pestiziden, Düngemitteln und Haushalts-, Industrie- sowie landwirtschaftlichen Abfällen. Insbesondere Ägypten als Unterlieger ist hiervon betroffen, da das Wasser hier vom Schmutz der anderen Länder am Meisten belastet ist (vgl. Wehling 2018, S. 116 f).

Aus den genannten Gründen kommt es in Ägypten zu einer zunehmenden Wasserverknappung. Darauf musste reagiert werden, das Land sollte nicht mehr den natürlichen Schwankungen unterworfen sein, sodass die Bevölkerung und die Wirtschaft nicht mehr unter Überschwemmungen und Dürren leiden müssten. Einen Lösungsansatz hieraus sollte der Staudamm von Assuan bieten, was jedoch nur teilweise gelang, da die negativen Folgen den Nutzen hierbei überwiegen. Die Argumente hierfür soll das folgende Kapitel aufzeigen.

2.3.2 Der Assuan-Staudamm

Der Assuan Staudamm ist ein heute wie damals umstrittenes Großprojekt, welches von 1960 bis 1971 mithilfe der Sowjetunion errichtet wurde und Ägypten ca. 4,3 Mrd. DM gekostet hat. Dafür sollte der Staudamm viele Vorteile für die Wirtschaft und die Bevölkerung mit sich bringen (vgl. Ibrahim 1984, S. 237).

Der Staudamm befindet sich im Süden Ägyptens, ungefähr 13 km südlich von der Stadt Assuan. Er staut den Nil an dieser Stelle bis in das Grenzgebiet des Sudans zum riesigen Nasser-See auf. Dieser Stausee fasst ein Wasservolumen von 135-169 Mrd. Kubikmetern. Es gab verschiedene Gründe für den Bau dieses Hochdammes, dazu gehörte vor allem die Stärkung und Ausdehnung der Landwirtschaft sowie einer wirtschaftsstarken Industrie. Konkret sollte die landwirtschaftliche Nutzfläche um 535.000 ha ausgedehnt und bewässert werden können. Der Reisanbau sollte erhöht werden, um mehr Export zu ermöglichen. Hinzu kam die Kontrollierbarkeit der abfließenden Wassermengen, um die Wasserversorgung dauerhaft zu gewährleisten, unabhängig von Trockenperioden oder Hochwasser (vgl. Reißlein 2006, S. 33).

2.3.3 Auswirkungen des Staudammes

Doch nicht alle Ziele konnten erreicht werden und es wurden viele negative Folgen ausgelöst. Damals erhoffte man sich eine verbesserte Tragfähigkeit des Bodens durch die verbesserte

Entwässerung, doch das Gegenteil trat als Folge der Überbewässerung durch den gestiegenen Grundwasserspiegel ein. Hierdurch verschlechterte sich die Qualität des Bodens infolge von Versalzung, Vernässung und Alkalisierung.

Das Ziel der gestiegenen Anbaufläche für Reis wurde zwar realisiert, sogar ein Anstieg um 70% ist zu verzeichnen, im Gegenzug muss Ägypten nun aber 50% seines Getreidebedarfs durch Import decken. Die Im- und Exportzahlen Ägyptens belegen, dass der Damm leider keine Verbesserung der Versorgung mit Grundnahrungsmitteln für die Bevölkerung herbeiführen konnte.

Geplant war auch die Erzeugung von Elektrizität durch Turbinen am Staudamm. Statt der geplanten 10 Mrd. kWh jährlich sind es heute lediglich 2 Mrd. kWh (vgl. Ibrahim 1984, S.237 f).

Doch schlimmer noch sind die durch den Staudamm entstandenen ökologischen Schäden. Es ist eine Tatsache, dass der Bau des Staudammes von Assuan einen schwerwiegenden Eingriff in den Naturhaushalt des Niltals darstellt. Die natürliche Schlammsedimentation wurde erheblich verändert, rund 130 Mio. t des fruchtbaren Nilschlammes gehen jedes Jahr für die Landwirtschaft durch den Staudamm verloren, da sie durch den Damm zurückgehalten werden. Stattdessen müssen die Bauern teuren Kunstdünger benutzen, welcher wiederum die Wasserqualität des Nils negativ beeinflusst (vgl. ebd., S. 241). Der Stausee versandet zunehmend durch den zurückbleibenden Nilschlamm. Wenn keine Gegenmaßnahmen unternommen werden, wird der Stausee in ca. 500 Jahren nutzlos sein (vgl. Reißlein 2006, S. 33).

Außerdem wurde der Nilschlamm auch zur Herstellung von Ziegeln genutzt, was nun auch nicht mehr möglich ist. „Um dennoch Baumaterial für ihre Lehmhütten und -häuser zu gewinnen, zerstören die Fellachen heute vielfach ihre eigenen Felder, indem sie die obere, in Jahrhunderten aufgeschüttete fruchtbare Bodenschicht abtragen und sie zur Herstellung von Ziegeln verwenden" (Ibrahim 1984, S. 241).

Das Hauptproblem der Landwirtschaft Ägyptens stellt die Bodenversalzung dar. Ohne den Damm unterlag der Nilwasserstand Schwankungen um ca. 8 Meter, was die Bodensalze in der Flutzeit auswusch und eine Drainage in der Trockenperiode bewirkte. Seitdem der Assuan-Hochdamm besteht, fehlt diese Bodenhydrodynamik völlig, da der Wasserstand künstlich konstant gehalten wird.

Durch die Stagnation des Wassers im Stausee und fehlende Schwebstoffe kam es zu negativen biologischen Veränderungen der Wasserqualität, auch bedingt durch die höhere Konzentration der löslichen Salze. Dadurch sind auch immer wieder Trinkwasserfilteranlagen verstopft und durch den steigenden salzhaltigen Grundwasserspiegel sind die Fundamente von altägyptischen Kulturdenkmälern bedroht (vgl. ebd.).

Doch nicht nur auf die Umwelt wirkt sich der Staudamm aus, auch für eine spezielle Bevölkerungsgruppe hatte der Staudammbau enorme Auswirkungen – 120.000 Nubier waren gezwungen, ihre Heimat zu verlassen, welche sich heute auf dem Grund des Stausees befindet, da sie einfach von dem See überspült wurde. „Für dieses Volk, welches jahrtausendelang für den Erhalt seiner Identität und Kultur gekämpft hatte, bedeutete die Errichtung des Hochstaudammes vermutlich nicht nur den Verlust seiner Heimat, sondern auch den endgültigen Untergang" (ebd.). Einige wertvolle Kulturdenkmäler wie der Abu Simbel mussten dem Stausee weichen und wurden mithilfe der Unesco versetzt, während ein Teil auch zurückgelassen wurde und im Stausee versank.

„Auch von einer steigenden Bilharziose-Gefahr wird berichtet. Diese Krankheit wird von einer im Wasser lebenden Schnecke übertragen, die sich im Nasser-See sowie in den Bewässerungsgräben flussabwärts, die früher zumindest einmal jährlich austrockneten, stark vermehren konnte" (Reißlein 2006, S. 33).

Bei der Planung solcher Großprojekte dürfen nicht nur kurzfristige wirtschaftliche Ziele zur raschen Gewinnerzielung angestrebt werden, sondern es muss auch der Schutz von natürlichen Ressourcen und Bevölkerung auf lange Sicht gewährleistet werden,

> „[...] damit nicht die nachfolgenden Generationen aller Möglichkeiten des Lebens und der wirtschaftlichen Entwicklung beraubt werden. Der Hochstaudamm von Assuan ist ein Beispiel für eine gegenläufige Planung. Die Auswirkungen auf den Naturhaushalt wurden hier wie in vielen anderen Entwicklungshilfeprojekten nur unzureichend im voraus untersucht. Warnungen über mögliche Umweltschäden schlug man aus [...]" (Ibrahim 1984, S. 237).

Der Assuan-Hochdamm ist also ein Negativbeispiel für ein solches Großprojekt, welches vor allem aufgrund von fehlender Voraussicht der Planer hinsichtlich der eintretenden Umweltschäden so scheiterte und heute mehr schadet als nützt.

2.4 Zwischenfazit

Es ist sogar mit noch viel mehr als den bereits genannten Konsequenzen des Staudammes von Assuan zu rechnen. „Die bisher beobachteten Folgeschäden sind vermutlich nur die Spitze des Eisbergs. Die ökologischen Gefahren sind noch immer nicht in vollem Umfang überschaubar" (Ibrahim 1984, S. 247).

Selbst wenn die Auswirkungen des Staudammes nur aus wirtschaftlicher Sicht beurteilt werden, kommt man zu der Erkenntnis, dass „[...] es sich bei dem Bau des Hochstaudammes um einen der großen Irrtümer unserer Zeit handelt. Allein die Kosten für die dringlichsten Maßnahmen zur Beseitigung von Folgeschäden, wie z.B. für die Anlage eines unterirdischen Drainagenetzes [...] überwiegen den Gesamtnutzen des Dammes. Insofern könnte es in der Tat die rentabelste Lösung sein, den Damm wieder schrittweise abzutragen" (ebd.).

Auch in einem Artikel zu diesem Thema in einer renommierten Zeitung heißt es, dass die Nachteile in diesem Fall bei weitem überwiegen und es wurde betont, dass der Staudamm der Landwirtschaft Ägyptens mehr schadet, als ihr zu nutzen (vgl. www.zeit.de).

Diese Erkenntnis sollte die Regierung und Entscheidungsträger in Ägypten zum Handeln anregen, denn der Zustand wird sich gewiss nicht von allein verbessern, im Gegenteil – es treten immer mehr irreparable Schäden ein.

3 Fachdidaktische Ausarbeitung

Im Folgenden wird die fachdidaktische Ausarbeitung zum Fall des Assuan Staudamms dargelegt. Auf die Erläuterung des Unterrichtsthemas und der konkreten Unterrichtsfrage folgt die Einordnung in den Rahmenlehrplan und die Erläuterung der Vermittlungsinteressen. Anschließend wird der tabellarische Stundenentwurf vorgestellt und dann inhaltlich reflektiert anhand von vier didaktischen Prinzipien und deren Anwendbarkeit auf die geplante Doppelstunde zur Thematik des Assuan Staudamms.

3.1 Unterrichtsthema und -frage

Die Unterrichtsreihe soll das Thema des Assuan-Staudamms in Ägypten behandeln und seine Auswirkungen auf die Bevölkerung und die Umwelt beleuchten.

Die Kinder sollen sich mit der Frage auseinandersetzen, welche Folgen die Errichtung des Assuan Staudammes für einzelne Parteien hatte und immer noch hat, welche Interessen von unterschiedlichen Parteien verfolgt wurden und überlegen, welche Vor- und Nachteile der Staudamm für Ägypten mit sich gebracht hat. Diese Erkenntnisse können teilweise auf andere Staudämme angewandt werden, der Assuan-Hochdamm ist lediglich ein Extremfall.

3.2 Einordnung in den Rahmenlehrplan Gesellschaftswissenschaften und Vermittlungsinteressen

Die geplante Unterrichtsreihe soll im Rahmen des Gesellschaftswissenschaften-Unterrichts in der Klasse 6 durchgeführt werden und steht unter dem als Frage formulierten Stundenthema „Welche

Auswirkungen hat der Bau des Assuanstaudammes auf Ägypten?".

Im Rahmenlehrplan Gesellschaftswissenschaften für Berlin/Brandenburg findet sich auf Seite 28 unter 3.2 das Oberthema „Wasser – nur Natur oder in Menschenhand?". Hierbei soll es inhaltlich darum gehen, die Bedeutung von Wasser für Menschen und Staaten heute zu behandeln. Zu den vorgeschlagenen Inhalten gehört beispielsweise die Auseinandersetzung mit Wasser als Überlebens- und Konfliktfaktor, hierbei werden auch Staudämme als Beispiel genannt. Auch „Wasser als Wirtschaftsfaktor" passt hierzu, da es bei der Planung des Staudamms vor allem um landwirtschaftliche Aspekte ging. Somit lässt sich die geplante Unterrichtseinheit zum Staudamm von Assuan hier sehr passend einordnen.

„Im Unterricht des Faches Gesellschaftswissenschaften 5/6 befassen sich die Schülerinnen und Schüler mit vielfältigen Formen gesellschaftlichen Zusammenlebens von Menschen in verschiedenen Räumen der Erde, in Vergangenheit, Gegenwart und Zukunft. In der Auseinandersetzung mit ausgewählten Inhalten beschäftigen sie sich mit Phänomenen der Geografie, der Geschichte und der Politik" (Rahmenlehrplan Gesellschaftswissenschaften, S. 3). Eine Problemstellung zur Ressource Wasser wie in der geplanten Unterrichtsstunde lässt sich aus den verschiedenen gesellschaftswissenschaftlichen Perspektiven betrachten. Vor der Doppelstunde könnte das alte Ägypten schon unter der historischen Perspektive behandelt worden sein, in diesem Zusammenhang könnte die Lehrkraft auch schon die Verfügbarkeit von Wasser unter den natürlichen Schwankungen damals ohne den Staudamm thematisiert haben. In der Doppelstunde wird der Problemfall aus der geografischen und politischen Perspektive behandelt.
Zu Beginn der Aufgabenbearbeitung sollen die Kinder sich die Thematik geographisch erschließen, indem sie fachspezifische Medien einsetzen, dies nämlich anhand einer Karte um ihr bereits erworbenes geografisch relevantes Wissen anzuwenden. Zu den Grundkenntnissen, die immer wieder geübt und verbessert werden, gehört nämlich die Arbeit mit dem Atlas und Karten (vgl. ebd. S. 4). Im Anschluss erschließen die Kinder politisch die Problemlage aus den Perspektiven von verschiedenen Akteuren. Im Rahmenlehrplan findet sich hierzu folgende Kompetenzerwartung: „Die Schülerinnen und Schüler üben sich darin, an anschaulichen Beispielen Problemlagen, Entscheidungen und Kontroversen zu identifizieren und zu analysieren. Dabei setzen sie sich mit den beteiligten Akteuren, Perspektiven, Interessen und Werten auseinander" (ebd., S. 5). Genau das tun die Kinder bei der gestellten Aufgabe in Gruppen und als Rollenspiel in der geplanten Doppelstunde.

3.3 Unterrichtsentwurf

Eingebettet ist die geplante Doppelstunde in eine größere Unterrichtseinheit zum Rahmenlehrplan-Thema „Wasser – nur Natur oder in Menschenhand?", ein Teil davon sollen drei Unterrichtsstunden zum Assuan-Staudamm sein. In einer vor der im Folgenden detailliert geplanten Doppelstunde fand der Einstieg zum Assuan Staudamm statt. Im Anschluss könnten Vergleiche mit anderen Staudämmen und der Umgang mit Wasserknappheit in anderen Regionen der Welt umgesetzt werden.

Als Stundeneinsteig in der vor der geplanten Doppelstunde durchgeführten Einführungsstunde wird den Kindern ein Bild des Staudammes (Anhang M1) gezeigt. Die Kinder sollen sich gegenseitig beschreiben, was sie sehen und sollen darüber sprechen, worum es sich bei dem großen Bau handeln könnte. Einige Kinder werden Staudämme vermutlich schon kennen, während andere vielleicht gar nicht wissen, worum es sich dabei handelt. Ziel ist es, alle auf einen gemeinsamen Stand zu bringen, um anschließend auf einer gemeinsamen Basis weiterarbeiten zu können. Nach der Phase in Partnerarbeit werden die Ergebnisse im Plenum zusammengetragen.

Anschließend erhalten die Kinder die Aufgabe, den Assuan Staudamm auf einer Karte Afrikas im Atlas, an der Wand oder am Smart Board zu lokalisieren und seine geographische Lage mithilfe von Fachbegriffen zu beschreiben. In diesem Zusammenhang wird sich im Plenum ein Gespräch ergeben, darüber wie das Klima in Ägypten ist und wie das Leben in Ägypten aussieht. Das Thema Wasserknappheit wird hier thematisiert. Die Kinder sollen überlegen, weshalb Ägypten sich zum Bau dieses Staudammes entschlossen haben könnte. Die Lehrkraft weckt hier auch das Interesse der Schülerinnen und Schüler, indem sie fragt, was die Kinder noch über den Staudamm wissen wollen und was sie weitergehend interessiert. Hier könnten Fragen beispielsweise auftauchen, wie
hoch der Damm ist oder ähnliches. Dies kann als Gelegenheit genutzt werden, um eventuell Einzelheiten schon gemeinsam zu recherchieren, um so auch die Medienkompetenz der Schülerinnen und Schüler zu erweitern. Vielleicht tauchen auch Fragen auf, die anschlussfähig zur geplanten Doppelstunde sind, sodass die Neugier der Kinder auf diese Stunde gelenkt werden kann, indem die Lehrkraft darauf hinweist, dass dieser Frage beim nächsten Mal gemeinsam nachgegangen werden wird.

Der Verlauf dieser Doppelstunde lässt sich dem folgenden tabellarischen Verlaufsplan entnehmen.

Zeit/Phase	Inhalte	Didaktische Funktion	Unterrichtsverlauf	Methode / Sozialform / Medien
Einstieg

5 min | Wiederholung der Inhalte letzter Stunde | Wissensaktivierung, inhaltliche Vorbereitung auf das geplante Rollenspiel | Lehrkraft (L) fragt, woran sich die Schülerinnen und Schüler (SuS) noch erinnern, zeigt Abbildung (Abb.) vom Staudamm und lässt einen Schüler (S) die Lage des Staudammes auf einer Karte zeigen | Plenum, lehrergelenktes Gespräch, Abb. M1, Karte/Atlas |
| Überleitung zum Stundenthema

10 min | Informationen/Faktenwissen zum Staudamm aus Sicht eines Ingenieurs, Hinführung zur Unterrichtsfrage „Welche Auswirkungen hat der Assuan Staudamm auf Ägypten?" | Hintergrundwissen zum Staudamm, den SuS soll transparent sein, worauf sie in der folgenden Doppelstunde hinarbeiten, was sie am Ende wissen sollen, die Frage soll sich aus der Schülerschaft ergeben und nicht von L vorgegeben werden, um Interesse zu wecken | SuS sollen M2 (Text eines Ingenieurs) lesen und sich mit Partner austauschen, ihnen soll klar werden, dass die Experten sich immer noch uneinig sind über die Folgen des Dammbaus. Im anschließenden Gespräch versucht L das Gespräch so zu lenken, dass sie die Frage nicht einfach vorgibt, sondern durch Anmerkungen zum Text und Fragen zu erreichen, dass die SuS eine derartige Frage nach den Folgen des Dammes stellen | Stillarbeit (Text lesen); Austausch in Partnerarbeit, Bearbeiten der vorgegebenen Aufgaben, Gespräch im Plenum |
| Hypothesenbildung zur Unterrichtsfrage

10 min | SuS formulieren Vermutungen zur Beantwortung der Unterrichtsfrage | Die SuS sollen durch das Aufstellen von Hypothesen angeregt werden, über die Unterrichtsfrage nachzudenken und sollen so auch gespannt auf das Stundenende sein | L lässt die SuS Vermutungen zur Beantwortung der Unterrichtsfrage aufstellen (also welche Auswirkungen des Staudammes erwarten die SuS), sammelt diese an der Tafel, sodass am Ende der Stunde verglichen werden kann, welche Vermutungen tatsächlich stimmen und welche verworfen werden müssen | Lehrergelenktes Gespräch im Plenum, Brainstorming |

Gruppenarbeits phase/Erarbeitu ng der Inhalte 30min	SuS erwerben Wissen aus verschiedenen Quellen, um Meinungsbildung und in Vorbereitung auf den Austausch	Wissen erweitern, erlerntes fachspezifisches Können anwenden (z.B. Ablesen und Interpretieren einer Grafik zu den Wasserständen)	SuS werden per Loszettel in vier Gruppen (Bauern, Politiker, Nubier, Ingenieure) eingeteilt und sollen zunächst allein das entsprechende Material lesen, sich anschließend in der Gruppe austauschen, SuS wählen jeweils einen je Gruppe aus, den Sie ins Rollenspiel schicken	Lesen in Stillarbeit, Gruppenarbeit
Rollenspiel im Plenum 25 min	Inhaltliches Wissen aus vier Perspektiven wird ins Plenum gebracht Ingenieur: Ausmaße des Bauwerkes, Fakten zum Stausee Bauer: Vor- und Nachteile aus Sicht der Landwirtschaft / Bevölkerung Nubier: Betroffenheit der Volksgruppe, die durch den Staudamm ihre Heimat verloren hat, verlorene Kulturdenkmäler Politiker: benennt die Vorteile des Bauwerkes	SuS geben Informationen weiter, und übernehmen die Perspektive eines Akteurs des Problemfalls, gleichzeitig erhalten sie Informationen aus anderen Blickwinkeln, müssen diese zu einem Gesamtbild zusammenfügen	Je ein Vertreter aus jeder Gruppe kommt nach vorn in ein Rollenspiel, wo die vier betroffenen Parteien aufeinander treffen, L übernimmt die Moderation und stellt Fragen, versucht ein Gespräch in Gang zu bringen, wichtig, dass jeder ausreichend zu Wort kommt, um den anderen die entsprechenden Inhalte aus der jeweiligen Perspektive zu verdeutlichen, vier SuS spielen aktiv, während sich die anderen Notizen machen sollen, um Unterrichtsfrage zu beantworten, auf bestehende Hypothesen eingehen zu können alternativ könnten auch je zwei Vertreter pro Partei nach vorne kommen, so beteiligen sich mehr Kinder aktiv und es können mehr Gedanken eingebracht werden	Rollenspiel im Plenum, Beobachtung und Notizen in Stillarbeit für die übrigen Kinder

Abschluss, Ergebnissicherung, Beantwortung der Stundenfrage, Bewerten der Hypothesen 10 min	Zusammenfassung der wichtigsten Erkenntnisse bezüglich der Ausgangsfrage	Ergebnissicherung um möglichst viel erworbenes Wissen zu behalten	SuS sollen an der Tafel stehende Hypothesen zur Ausgangsfrage nochmal lesen und sich äußern, welche Vermutungen stimmten, welche vielleicht nicht und wo fehlt noch Wissen, um entscheiden zu können, abschließend soll die Frage zusammenfassend von einem S beantwortet werden	Lehrergelenktes Gespräch im Plenum

Was ist das Ziel dieser geplanten Doppelstunde? Am Ende sollen die Schülerinnen und Schüler in der Lage sein, die positiven wie auch die negativen Auswirkungen des Staudammes auf die Bevölkerung Ägyptens und die Natur aus ihrer Sichtweise benennen und bewerten zu können, sowie einzelne Akteure und deren Betroffenheit benennen und erläutern zu können. Das erworbene Wissen sollen die Kinder auch auf andere Fälle übertragen können, um Vergleiche anstellen zu können. Außerdem haben sie verschiedene Kompetenzen erweitert, wie die Informationsgewinnung aus den Texten und kommunikative Kompetenzen innerhalb der Gruppenarbeit.

3.4 Didaktisch-inhaltliche Reflexion

Im Rahmen dieser didaktisch-inhaltlichen Reflexion sollen vier didaktische Prinzipien betrachtet werden. Gegenstand der Betrachtung ist die Frage, inwieweit diese vier Prinzipien, zwei auf der inhaltlichen Ebene und zwei in Bezug auf die Vermittlungsform, in der geplanten Unterrichtseinheit Berücksichtigung finden können.

Zunächst ist das didaktische Prinzip der *Problemorientierung* zu nennen, welches sich auf die inhaltliche Ebene bezieht und was sich in besonderem Maße auf das Fallbeispiel anwenden lässt. Problemorientierter Unterricht stellt ein spezifisches Problem in den Mittelpunkt der Lernsituation. Von dieser Problemlage ausgehend, sollen klassischerweise in Kleingruppen Lösungsansätze entwickelt werden, wobei es nicht nur um die Lösung des Problems an sich geht, sondern auch in besonderem Maße darum, Materialien zum Fall relevante Informationen zu entnehmen, transferfähiges Wissen zu erwerben und dabei auch neue Denkansätze und -strategien zu entwickeln (vgl. Reusser 2005, S. 159).

Es stellt sich die simpel erscheinende Frage danach, was ein Problem eigentlich ist. „Ein Problem ist ein Handlungs- oder Operationsplan oder eine vorläufige Wahrnehmung oder Deutung einer Gegebenheit, die bezüglich der Handlungs-, Operations- oder Verstehensabsicht des Problemlösers eine unbefriedigende Struktur hat [...]" (Rhode-Jüchtern; Schneider 2012, S. 47). Wesentlich ist auch gerade für die Problemorientierung den Unterricht, dass ein Problem nicht zwangsläufig eine Lösung voraussetzt (vgl. ebd. S. 48). Man muss mit den Schülerinnen und Schülern nicht immer zu einer endgültigen Lösung kommen, sondern kann Ideen konstruieren und entwickeln lassen und Offenheit zulassen.

„Der Begriff des problemorientierten Lernens und Lehrens ist in den letzten Jahren zum Leitkonzept eines Selbstständigkeit fördernden, kognitiv aktivierenden Unterrichts bzw. der Gestaltung von entsprechenden Lernumgebungen in Schulen [...] geworden" (Reusser 2005, S. 159) und ist damit aus dem Unterricht nicht mehr wegzudenken.

Der Assuan Staudamm wirft eine ganze Reihe von Problemen auf, die von den Schülerinnen und Schülern aus verschiedenen Perspektiven besprochen werden können. Den Materialien können die Schüler selbst die Vor- und Nachteile des Staudammes entnehmen und konkrete Probleme, wie beispielsweise die Versalzung des Bodens, ausmachen.

Durch die Materialien wird den Kindern nicht nur ein konkretes Problem vorgesetzt, sondern sie erarbeiten sich die vielschichtige Problemsituation rund um den Assuan Staudamm selbst. Dies fördert ihre Selbstständigkeit und der Austausch in den Gruppen ihre kommunikativen Fähigkeiten. Nach der Unterrichtseinheit zum Staudamm von Assuan sollen die Kinder ihr Wissen auf andere Fälle übertragen können, um beispielsweise einen Vergleich durchzuführen. Man könnte Fragen nachgehen wie, „Welche Vorteile soll ein Staudamm mit sich bringen und wo ist es besser gelungen, als in Assuan?" So könnte beispielsweise ein Vergleich mit dem neuen Renaissance-Staudamm in Äthiopien oder einem anderen Staudamm durchgeführt werden.

Das zweite didaktische Prinzip auf inhaltlicher Ebene, um welches es im Rahmen dieser Reflexion gehen soll, nennt sich *Sachlichkeit/Fachlichkeit.* Hier stellt sich die Frage nach der entsprechenden geographischen Fachperspektive aus der Gesellschaft-Umwelt-Forschung, welche sich auf den Fall beziehen lässt und auch die Frage, inwieweit auch die anderen Perspektiven berücksichtigt werden könnten. Ein Fall wird sich selten oder sogar nie unter nur einer Perspektive betrachten lassen, er lässt immer mehrere Blickwinkel zu.

Der konkrete Problemfall des Assuan Staudammes lässt sich am eindeutigsten unter der Perspektive der politischen Ökologie, welche nach der Verantwortung für Umweltschäden fragt, betrachten.

Der Staudamm verursacht vielfältige Umweltschäden, mit denen sich die Schüler auseinander setzen können. Typische Fragestellungen dieses Ansatzes sind „Wo wird die Umwelt negativ beeinflusst?" oder „Welche Akteure sind dafür verantwortlich?". Dieser Ansatz findet sich in der geplanten Unterrichtsreihe wieder, wenn die Schülerinnen und Schüler in Rollen schlüpfen und über die Auswirkungen des Staudammes reflektieren und sprechen. Hierbei wird sich auch die Frage nach Verantwortlichkeiten stellen und die Schüler können gemeinsam überlegen, wer letztlich von den Folgen des Staudammes besonders betroffen ist und wer die Verantwortung dafür zu tragen hat.

Darüber hinaus kann der Fall auch unter dem Ansatz der „Anpassung von Gesellschaft und Natur" betrachtet werden. Dieser Ansatz sucht nach Möglichkeiten, die Natur und die Gesellschaft im Gleichgewicht zu behalten. Es stellt sich die Frage nach entstandenen Störungen und deren Bewältigung. Im Falle des Assuan-Hochdammes wäre dies beispielsweise das Zurückhalten des fruchtbaren Nilschlammes, worauf die Bevölkerung mit Kunstdünger reagieren muss und auch weitergehend die Frage danach, wie man entstandene bestehende Umweltschäden wieder rückgängig machen könnte. Man könnte sogar so weit gehen zu fragen, ob der Damm an sich bestehen bleiben sollte.

Außerdem ließe sich die Problemlage auch unter der verfügungsrechtlichen Perspektive und der Frage nach dem Zugang zu Naturressourcen betrachten. Typische Fragestellungen dieses Ansatzes sind „Wer bekommt Zugang zu Naturressourcen? Wer nicht? Wo und warum entstehen Konflikte?" Im Fallbeispiel des Assuan Staudammes haben die betroffenen Bauern in der Region keinen Zugang mehr zu der Naturressource des fruchtbaren Nilschlammes, welchen sie früher für die Landwirtschaft nutzten und nun auf künstliche Düngemittel ausweichen müssen. Über den Staudamm hinaus, könnte man auch noch die Verteilungskonflikte unter den Ländern des Nilwassers thematisieren.
Auch die Nubier, denen ihr Heimatland als „Ressource" genommen wurde, könnten unter dieser Perspektive tiefgehender behandelt werden.

Ein zur Form der Vermittlung zu nennendes didaktisches Prinzip ist *Strukturierung und Reduktion*.
Es geht dabei um die Form der Vermittlung des Themas. Es stellt sich die Frage, wie die Problemstellung inhaltlich sinnvoll strukturiert werden kann und welche Reduktionen hinsichtlich des Inhalts vorgenommen werden sollten, um das Problem dem Niveau der Schülerinnen und Schüler anzupassen. Außerdem steht hier die Frage nach passenden Gelenkstellen zwischen den Unterrichtsphasen Einstieg, Erarbeitung und Ergebnissicherung.
Im vorliegenden Problemfall zum Assuan Staudamm sind die ausgewählten Unterrichtsmaterialien

auf das Niveau von Schülerinnen und Schülern der Klasse 6 angepasst, es müssen keine weiteren inhaltlichen Reduktionen vorgenommen werden. Lediglich die unter den Materialien stehenden Aufgaben wurden im Rahmen der geplanten Doppelstunde teilweise entfernt, da deren Bearbeitung den zeitlichen Rahmen sprengen würde. Der Schwerpunkt soll auf dem Rollenspiel liegen.

Phasiert ist die Unterrichtseinheit in einen Stundeneinstieg, eine Erarbeitungsphase und die Ergebnissicherung, wobei der Einstieg in die Unterrichtseinheit schon in einer separaten Stunde erfolgte. In der geplanten Doppelstunde sind die Kinder schon mit dem Assuan Staudamm vertraut, wissen um was für eine Art Bauwerk es sich handelt und wo er sich befindet, sowie wieso Ägypten sich für den Bau des Staudammes entschieden haben könnte. Den Hauptteil stellt die Erarbeitung der Inhalte für das Rollenspiel dar und zum Abschluss wird gemeinsam die gestellte Unterrichtsfrage beantwortet.

Unter dem Prinzip der *Schülerorientierung* versteht man die Frage danach, wie man das Problem konkret, anschaulich, lebensweltorientiert und kognitiv anschlussfähig für die Schülerinnen und Schüler vermitteln kann.

Wichtig sind hier Entscheidungen für passende Unterrichtsmethoden und angemessene Materialien und Medien, um bei den Schülerinnen und Schülern einen möglichst umfangreichen Erkenntnisprozess in Gang zu setzen. Der Unterricht muss angepasst an die Voraussetzungen der individuellen Lerngruppe geplant und gestaltet werden.

Das Hineinversetzen in eine Rolle und das Rollenspiel im Anschluss als Unterrichtsmethode eröffnet den Kindern den Zugang zum Thema möglichst anschaulich, da sie selbst die Perspektiven von Beteiligten einnehmen und sich aus deren Blickwinkel Gedanken zu dem Problemfall machen. Durch die Diskussion, in welcher die Kinder alle Positionen auch aus den Blickwinkeln der anderen Akteure erfahren, diese wahrnehmen und darauf reagieren müssen, kann sich ein umfangreicher Erkenntnisprozess ergeben und die eigene Meinungsbildung wird unterstützt. Insofern lässt sich hier von einer hohen Schülerorientierung sprechen.

3.5 Zwischenfazit

An dieser Stelle lässt sich zusammenfassend sagen, dass die geplante Unterrichtseinheit sowohl problemorientiert als auch schülerorientiert ist und die Schülerinnen und Schüler im Rahmen der Bearbeitung des Fallbeispiels ihr Fachwissen erweitern können und ihre Meinungsbildung unterstützt wird. Sie üben mit Materialien umzugehen, Informationen daraus zu ziehen und unterschiedliche Informationen miteinander in Beziehung zu setzen. Der Anschluss an den

Rahmenlehrplan ist gewährleistet, dort findet sich sogar wortwörtlich die Auseinandersetzung mit Staudämmen (vgl. Rahmenlehrplan Gesellschaftswissenschaften, S. 28).

4 Fazit

Das Anliegen dieser Arbeit war es, die Problematik rund um die Auswirkungen des Staudammes von Assuan auf die Umwelt und die Menschen in der Region aufzuzeigen. Ebenso war eine beispielhafte Umsetzung der Thematik im gesellschaftswissenschaftlichen Unterricht in Klasse 6 Teil dieser Arbeit.

Dem Leser dürfte deutlich geworden sein, dass der Assuan Staudamm aufgrund von mangelnder Voraussicht ein negatives Beispiel für ein solches Großprojekt zur Beherrschung der Ressource Wasser geworden ist. Zwar sind die Schwankungen des Wasserstandes und damit sowohl Überschwemmungen als auch Dürren vorerst vorbei, dafür sind jedoch so viele negative Folgen eingetreten, sodass der Staudamm insgesamt mehr schadet, als nützt. Hinzu kommen Schäden, die sich überhaupt nicht finanziell aufwiegen lassen, wie der Verlust der Heimat der Nubier und vieler kultureller Denkmäler durch den Stausee. Es wird also die Notwendigkeit deutlich, solche folgenschweren Bauvorhaben im Vorfeld viel gründlicher zu planen und mögliche Auswirkungen gründlicher abzuwägen.

Die Schülerinnen und Schüler sollen durch die Auseinandersetzung mit solch einem Fallbeispiel vor allem dafür sensibilisiert werden, wie stark der Mensch die Umwelt negativ beeinflussen kann. Der kommenden Generation muss vermittelt werden, wie sensibel die Umwelt auf Eingriffe reagiert und welche Verantwortung der Mensch trägt. Die in dieser Arbeit dargestellte Unterrichtseinheit kann einen kleinen aber bedeutsamen Beitrag hierzu leisten.

Literaturverzeichnis

Bildungsserver Berlin-Brandenburg: Teil C Rahmenlehrplan Gesellschaftswissenschaften
Jahrgangsstufen 5/6
URL: https://bildungsserver.berlin-
brandenburg.de/fileadmin/bbb/unterricht/rahmenlehrplaene/Rahmenlehrplanprojekt/amtliche_Fassu
ng/Teil_C_Gesellschaftswissenschaften_2015_11_10_WEB.pdf
(letzter Zugriff: 03.04.2018)

Fröhlich, Christiane (2006): Zur Rolle der Ressource Wasser in Konflikten. In: Aus Politik und
Zeitgeschichte (APuZ) 25/2006

Ibrahim, F. (1984): Der Hochstaudamm von Assuan- eine ökologische Katastrophe? In:
Geographische Rundschau, Seite 236-247, Band: 36, Heft: 5

Mattissek, Annika; Sakdapolrak, Patrick (2016): Gesellschaft und Umwelt. In: Freytag, T. et al.
(Hrsg.): Humangeographie Kompakt. Springer-Verlag: Berlin Heidelberg.

Reusser, Kurt (2005): Problemorientiertes Lernen – Tiefenstruktur, Gestaltungsformen, Wirkung.
In: Beiträge zur Lehrerinnen- und Lehrerbildung 23. S. 159-182
URL: https://www.pedocs.de/volltexte/2017/13570/pdf/BZL_2005_2_159_182.pdf

Rhode-Jüchtern, Tillmann; Schneider, Antje (2012): Wissen, Problemorientierung, Themenfindung
im Geographieunterricht. Wochenschauverlag: Schwalbach am Taunus.

Vensky, Hellmuth (2010): 50 Jahre Assuan Staudamm: Marodes Machtsymbol.
www.zeit.de/wissen/geschichte/2010-01/assuan-staudamm (letzter Zugriff am 02.04.2018)

Wehling, Philine (2018): Wasserrechte am Nil. Springer: Heidelberg.

Materialanhang

Alle Materialien für die geplante Unterrichtseinheit sind aus:

Reißlein, Frank (2006): Der Assuan-Staudamm. Die Auswirkungen des Staudamms auf Ägypten. In: Schulmagazin 5 bis 10. Heft 5. Oldenbourg Schulbuchverlag GmbH.

Daraus verwendete Materialien: M1 (Assuan-Staudamm), M2 (Bericht eines Ingenieurs), Gruppe 1-4 (Der Assuan-Staudamm).

Die Aufgaben wurden teilweise gekürzt bzw. gestrichen, um sie der Aufgabenstellung des Rollenspiels anzupassen.